U0922692

近代中国分省人文地理影像采集与研究

THE COLLECTION AND RESEARCH OF HUMAN GEOGRAPHY IMAGES IN MODERN CHINA

《近代中国分省人文地理影像采集与研究》编委会 编

西藏

TIBET

山西出版传媒集团 山西人民出版社

图书在版编目（CIP）数据

近代中国分省人文地理影像采集与研究．西藏 / 《近代中国分省人文地理影像采集与研究》编委会编；蓝勇顾问．-- 太原：山西人民出版社，2019.10

ISBN 978-7-203-11159-7

Ⅰ．①近… Ⅱ．①近… ②蓝… Ⅲ．①人文地理－研究－西藏－近代 Ⅳ．①K92

中国版本图书馆 CIP 数据核字 (2019) 第 256575 号

近代中国分省人文地理影像采集与研究·西藏

编　　者　《近代中国分省人文地理影像采集与研究》编委会
顾　　问　蓝　勇
责任编辑　张慧兵
复　　审　吕绘元
终　　审　梁晋华
装帧设计　深圳市越众文化传播有限公司

出 版 者　**山西出版传媒集团·山西人民出版社**
地　　址　太原市建设南路 21 号
邮　　编　030012
发行营销　0351—4922220　4955996　4956039　4922127（传真）
天猫官网　https://sxrmcbs.tmall.com　电话：0351-4922159
E-mail　sxskcb@163.com 发行部
sxskcb@126.com 总编室
网　　址　www.sxskcb.com

经 销 者　**山西出版传媒集团·山西人民出版社**
承 印 厂　山西出版传媒集团·山西人民印刷有限责任公司

开　　本　889mm × 1194mm　1/16
印　　张　12
字　　数　200 千字
印　　数　1—2000 册
版　　次　2019 年 10 月　第 1 版
印　　次　2019 年 10 月　第 1 次印刷
书　　号　ISBN 978-7-203-11159-7
定　　价　85.00 元

如有印装质量问题请与本社联系调换

出版说明

PUBLISHER'S WORDS

1840—1949 年，是中国社会变革最激烈的时期，百年间，不仅政治、经济、文化各领域天翻地覆，人文地理环境的变迁亦是沧海桑田。然而，这种变革与变迁并非完全同步，作为一个地理上幅员辽阔、内部结构却千差万别的大国，不同地区在同一时间的变化程度是不一样的，存在很深的时差。譬如，中华民国成立后政府发布“剪发令”，但在拍摄于 1920 年之后的成都等地的街景照片中，仍然可以看到留着长辫子的行人。

试图呈现全国性的社会变迁以及各地区间的差异，正是编撰这套《近代中国分省人文地理影像采集与研究》的初衷。编撰、出版这套丛书，对编者来说是非常大的工程和挑战，在老照片的海洋里披沙沥金，也难免留下很多不足和遗憾。在此，对本丛书内容采集、编撰体例等基本情况说明如下：

1. 本丛书的学术和编撰团队，历数年从浩如烟海且分散各处的近代（1840—1949）图像史料中，精选约 8000 张最能反映中国各地文化特征及社会变迁的珍贵影像，逐一考订其拍摄时间、地点及相关背景信息，以现今中国省级行政区划为基准进行分卷，各分卷再按“风光·名胜”“城市·乡村”“民俗·宗教”“生活·百业”分章节，各章节内部再按地区、类别、时间先后进行排序。

2. 影像所呈现的信息直观而具体，相对来说“被解释”和“被演绎”的空间比较小，但这些被拍摄、被留存、被采集到的影像资料，“样本”的选择天然就是“片面”的。因拍摄者不同，出发点、观察角度各异，内容选择和呈现各有偏好，这些影像资料很难囊括近代中国各地区全部风貌。但其所记录的画面都是真实存在过的，且不是孤立存在，它们由过去的时空发展而来，并对未来产生影响。

3. 在影像采集过程中，编撰团队发现，采集到的影像在数量上存在地区分布不均。例如北京、上海等城市的相关影像有上万张，而海南、贵州等省份则只有几十张。部分地区影像拍摄的时段和主题内容也存在偏于集中和单调的问题，其中有历史照片拍摄留存的客观不足，也有编撰者采集能力的局限。故，根据采集到影像的实际情况，各分卷收录的影像数量、时间分布、内容主题也有所不同。少数地区因图片数量过少，与地理邻近或历史渊源较深的地区合并。

《近代中国分省人文地理影像采集与研究》一书从时间、空间、专题三个维度进行编排，各卷之间既各成体系，又便于对照，纵向可以体现同一地区不同时代的地理、人文风貌变迁，横向可以对比同一时代中国不同地区间的异同。编者希望通过影像对近代中国各地人文地理、社会面貌进行直观的呈现，为广大读者提供一个认识近代中国的新窗口。

序
FOREWORD

我是从事历史地理研究的学者，但是近些年来对图像史学的兴趣越来越大，可能源于孩提时代对图像类东西的兴趣。记得儿时就一直对图像的东西较为敏感，特别喜欢外出观察自然与人文景观，而且每次回家马上就用硬纸壳做成各种汽车、火车、轮船的模型，染上色彩，被别人认为做得惟妙惟肖。读中学时，开始对美术绘画感兴趣，将一大批名人肖像画挂在家里，以致后来恢复高考后不知天高地厚去报考了两次美术学院。后来改考历史，但对地理景观这类景观图像一直关注不减，一度也是一个摄影发烧友。

后来我在历史地理研究中发现，历史发展营造了人文景观，人文景观又留住了历史记忆。透过历史景观，我们可以发现许多文字不能表达或文字没有记录的内容和存在。不过，在现代照相技术出现前，我们对景观的记忆多是从图画或文字表述而来，不直接、不客观、不精准。近代摄影技术传入中国后，首先是大量西方人士拍摄了许多有关中国风土人情、地理风貌的照片，为我们全方位了解近代中国提供了比文字描述更直接、更感性、更直观、更精准的认知途径。

其实，近代人文地理影像在社会中的功能可能是多元的，我们利用近代地理影像可以研究和复原近代历史，而在研究复原的基础上又可以服务于当代社会。我自己在历史地理和专门史的研究中就多得益于近代影像的利用，如我们在研究长江上游近两千年森林变迁时就曾参考了大量清末民国时期的有关长江上游城乡环境的老旧照片，这些为复原近代城乡环境提供了更直接的资料支撑；我们在编制《长江三峡历史地图集》《重庆历史地图集》时插入了大量老旧景观照片，为从理性和感性两方面认知区域社会提供了可能；我们在研究川菜史时利用了民国时期的有关重庆火锅的图片来复原当时的情形；我们在研究清代救生红船与救生体系时就参考了大量清末民初外国人拍摄的救生红船照片……

我认为现在特别需要构建一个完整中国影像景观史料研究的学科体系，像构建历史文献学一样构建历史图像学，涉及历史图像认知理论、历史图像的种类划分、图像内外可信度差异、图像的技术与社会背景、图像的文字化与文字的图像化等内容。在众多的图像中，近代影像可能是对景观、场景反映最直接、最直观、最精准的，虽然在文化资源开发中多有利用，但在历史研究中利用的却并不太多。在中国史学界，虽然已经有《中国景观史》出版了，但是其中并没有很好地系统利用近代影像来复原景观、场景，更没有研究近代影像中的景观、场景背后折射出的社会潜规则和秘闻私史。至于利用近代影像来研究其他专门史更是稀少无比。在这种状况下，怎样从历史上不断变化的景观、场景和不同区域的历史景观、场景中透视中国社会背后的点点滴滴，怎样从近代影像形成的背后去发现历史的故事，分析不同的人文地理景观会产生何种不一样的效果，会折射出何种不一样的诉求，对这一切从方法论角度的研究我们还极少关注，为此我们还需要努力！

对于一位历史学者或者一般的读者来说，读老旧影像体现的研究功能可能不是太直接，有时仅仅是为增强我们的一点历史场景感，但这种历史场景感会潜在地支撑我们的历史判断，让我们的历史认知更精准到位，更心中有数。同时，历史影像的现实运用价值也非常高。如我们在观看历史大片时，经常感到没有历史味道，缺乏历史的场景感，主要是景观、场景、器物、服饰都光鲜无比，使我们内心一时难以融入历史故事之中。电影电视的服装师、场景师们或许应该多翻阅些有关近代影像的资料，这样历史的厚重感、原始感就会固定在心中。同时现在的各种旅游区中，特别是仿古建筑和古镇景区的打造中，从历史影像中获取真实的历史场景来复原也是相当重要的。

在此之前，已经出版了大量有关近代中国人文地理影像方面的文献，如《老照片》辑刊中就有大量这方面的照片。近来有人按摄影师分类编有《近世中国影像资料》，但是这些文献有的将人像、自然景观与人文地理的内容混杂在一起，有的只是单幅照片，十分零散。究其原因，一是资料还不全面完整；二是由于许多影片空间定位不能确定，也无法具体使用，因此很有必要按省区来编一套《近代中国分省人文地理影像采集与研究》，让我们感受到在同一个时代内、不同区域内人文景观的异同，为我们区域研究提供更多的方便，特别是为我们研究这种影像异同产生的原因和影响创造条件。所以，山西人民出版社推出这样一套《近代中国分省人文地理影像采集与研究》很有必要，也十分及时。

总的来看，《近代中国分省人文地理影像采集与研究》为我们对各个区域近代城乡风土的变迁提供了一个很直观、全面的影像宝库，为我们研究近代历史提供了一个很全面的影像文本，为我们利用这些影像来服务社会提供了一个很好的影像蓝本，为一般读者提供了一个轻松、感性、直观认知近代历史的影像读本，也为我们以后编纂同类图像集提供了一个很成功的范本。

蓝　勇
2019 年 8 月 于重庆北碚

目录

CONTENTS

THE COLLECTION AND RESEARCH OF HUMAN GEOGRAPHY IMAGES IN MODERN CHINA

近代中国分省人文地理影像采集与研究

西藏 PART 1 | 风光·名胜 |

1900—1901 年，拉萨河（一）。

1900—1901 年，拉萨河（二）。

1900—1901 年，拉萨，从东南面看药王山。

1900—1901 年，拉萨，从西北面看药王山。

1900—1901 年，拉萨，从东南面看布达拉宫。

1900—1901 年，拉萨，从东北面看布达拉宫。

1900—1901 年，拉萨，从西北面看布达拉宫。

1900—1901 年，拉萨，从东面看布达拉宫。

1913—1916 年，拉萨，从药王山下望布达拉宫和白塔。

1913—1916 年，拉萨，布达拉宫远眺。

1913—1916 年，拉萨，布达拉宫全景。

1913—1916 年，拉萨，大昭寺。

1900—1901 年，拉萨，西门圣骨冢。

1900—1901 年，拉萨，嘎丹康萨宫。

1900—1901 年，拉萨，罗布林卡。

1900—1901 年，拉萨，哲蚌寺（一）。

1900—1901 年，拉萨，哲蚌寺（二）。

1900—1901 年，拉萨，从东面看哲蚌寺。

1900—1901 年，拉萨，色拉寺远景。

1900—1901 年，拉萨，色拉寺近景。

1900—1901 年，从东面远眺拉萨。

1900—1901 年，拉萨，北郊建筑。

1900—1901 年，拉萨，从东南面眺望驻藏大臣衙门。

1900—1901 年，拉萨，驻军营地。

1900—1901 年，拉萨，玉托赞巴桥。

1913—1916 年，拉萨，玉托赞巴桥。

1913—1916 年，拉萨街景（一）。

1913—1916 年，拉萨街景（二）。

1913—1916 年，拉萨郊外。

1913—1916 年，拉萨全景远眺。

1900—1901 年，拉萨达孜，甘丹寺附近的纪念碑。

1900—1901年，拉萨达孜，甘丹寺。

1900—1901 年，拉萨，丹杰林寺。

1900—1901 年，拉萨，普布觉寺。

1900—1901 年，拉萨，从东南面眺望功德林寺。

1913—1916 年，拉萨，功德林寺。

1900—1901年，山南，桑耶寺。

1900—1901 年，山南，桑耶寺金顶大殿。

1900—1901 年，日喀则，扎什伦布寺远景。

1900—1901 年，日喀则，扎什伦布寺近景。

1900—1901年，日喀则，白居塔。

1913—1916 年，日喀则，白居寺。

1913—1916 年，日喀则，桑珠孜宗堡。

1913—1916 年，日喀则，江孜古堡。

1913—1916 年，喜马拉雅山脉远眺（一）。

1913—1916 年，喜马拉雅山脉远眺（二）。

1949 年前，阿克赛钦。

THE COLLECTION AND RESEARCH OF HUMAN GEOGRAPHY IMAGES IN MODERN CHINA

近代中国分省人文地理影像采集与研究

西藏 PART 2

城市·乡村

1900—1901 年，拉萨堆龙德庆，东嘎城堡遗址。

1900—1901 年，拉萨尼木，雪格拉山口附近的庄园。

1900—1901 年，德昌镇城堡遗址。

1900—1901 年，高原上的牦牛。

1900—1901 年，山南，泽当镇。

1900—1901 年，日喀则，江孜镇。

1913—1916 年，皮革舟船。

1913—1916 年，雅鲁藏布江边的码头。

1913—1916 年，喜马拉雅山脚下的村落（一）。

1913—1916 年，喜马拉雅山脚下的村落（二）。

1920 年之前，青藏高原，东南部的一个村庄。

1913—1916 年，青藏高原，西南部的一个村落。

1936年，青藏高原，路边刻着藏文的山石。

1937 年，青藏高原，雨中的城镇街道（一）。

1937 年，青藏高原，雨中的城镇街道（二）。

1937 年，青藏高原，道路上骑马的男子。

1937 年，青藏高原，放牧归来的牦牛群。

1937 年，青藏高原，牧民家的帐篷。

1937 年，青藏高原，江上的木桥（一）。

1937 年，青藏高原，江上的木桥（二）。

1937 年，青藏高原，江上的木桥（三）。

1937 年，青藏高原，江上的木桥（四）。

1937 年，青藏高原，农田旁溪流上的小桥。

THE COLLECTION AND RESEARCH OF HUMAN GEOGRAPHY IMAGES IN MODERN CHINA

近代中国分省人文地理影像采集与研究

西藏 PART 3 | 民俗·宗教 |

1900—1901 年，穿着节日盛装的藏族妇女。

1900—1901 年，拉萨，传昭大法会时的街景。

1913—1916 年，拉萨，传昭大法会（一）。

1913—1916 年，拉萨，传昭大法会（二）。

1913—1916 年，拉萨，传昭大法会（三）。

1913—1916 年，拉萨，传昭大法会（四）。

1913—1916 年，拉萨，传昭大法会（五）。

1922—1949 年，拉萨，大法会时的布达拉宫。

1913—1916 年，藏戏表演（一）。

1913—1916 年，藏戏表演（二）。

1913—1916 年，藏戏表演（三）。

1913—1916 年，藏戏表演（四）。

1913—1916 年，法王高僧的轿队。

1913—1916 年，贵族出行的护卫队。

1913—1916 年，喇嘛寺里的唐卡（一）。

1913—1916 年，喇嘛寺里的唐卡（二）。

1932—1933 年，青藏高原，寺庙里悬挂的唐卡（一）。

1932—1933 年，青藏高原，寺庙里悬挂的唐卡（二）。

1932—1933 年，青藏高原，寺庙里悬挂的唐卡（三）。

1932—1933 年，青藏高原，寺庙里悬挂的唐卡（四）。

1932—1933年，青藏高原，寺庙里的牛羊像。

1936 年，青藏高原，用绳子串着的动物骨骼。

1936年，青藏高原，喇嘛寺内部装饰。

1937 年，青藏高原，刻有经文的牛肩胛骨。

1937 年，青藏高原，喇嘛寺里的壁画（一）。

1937 年，青藏高原，喇嘛寺里的壁画（二）。

1932—1933 年，青藏高原，小喇嘛。

1932—1933 年，青藏高原，喇嘛。

1932—1933 年，青藏高原，刻写经文的喇嘛。

1932—1933 年，青藏高原，手持各种法器的喇嘛。

1932—1933 年，青藏高原，寺庙大殿前的喇嘛。

1936 年，青藏高原，喇嘛寺入口处被脱下的靴子。

1936 年，青藏高原，聚在一起讲经辩论的喇嘛。

1936 年，青藏高原，学习吹法螺的小喇嘛。

1937 年，青藏高原，转经祈福的喇嘛。

1937 年，青藏高原，打伞的喇嘛。

1937 年，青藏高原，朝圣途中露营的喇嘛。

1932—1933 年，青藏高原，少年喇嘛。

1932—1933 年，青藏高原，穿着正式的喇嘛。

1932—1933 年，青藏高原，一位女活佛。

1936 年，青藏高原，端坐的少年喇嘛。

1936 年，青藏高原，法会时使用的香炉。

1936 年，青藏高原，手持法器的青年喇嘛。

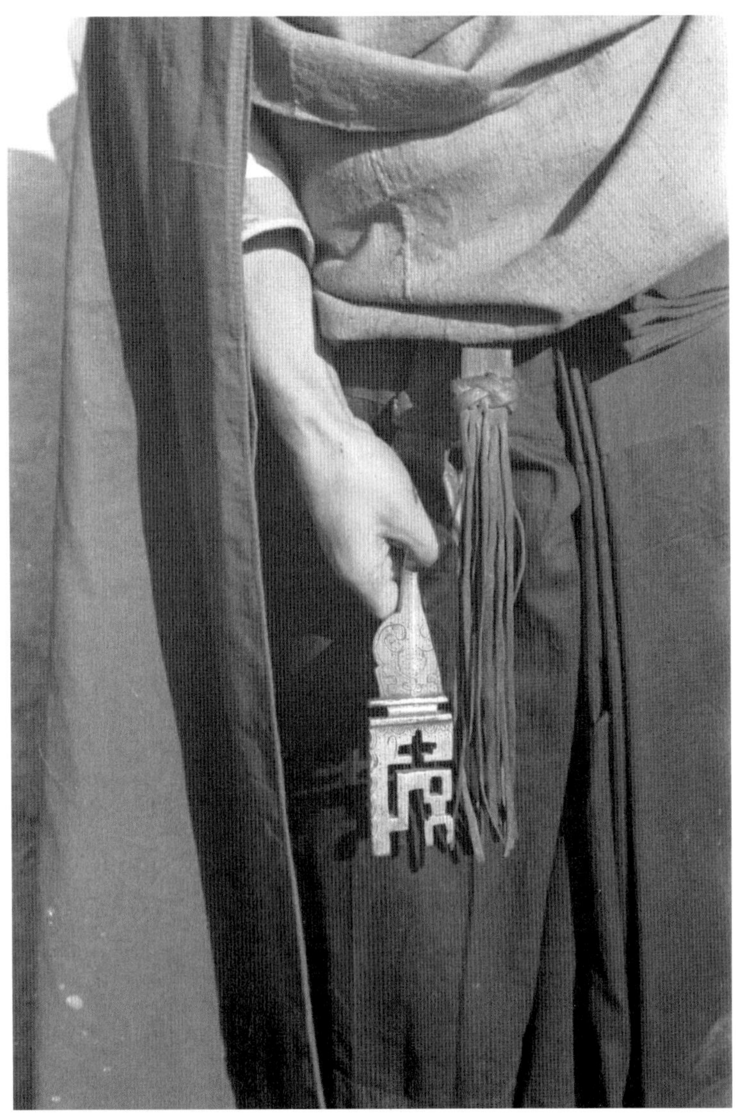

1936 年，青藏高原，喇嘛随身佩戴的宗教物品（一）。

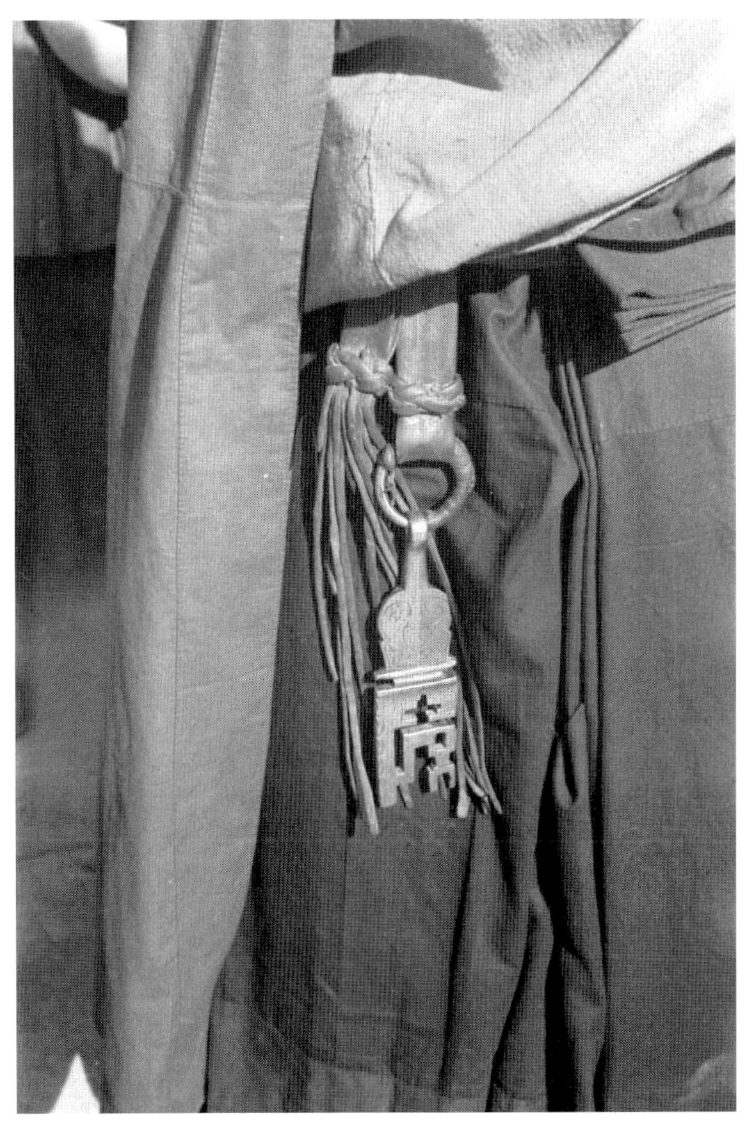

1936 年，青藏高原，喇嘛随身佩戴的宗教物品（二）。

1937 年，青藏高原，穿着正式的喇嘛（一）。

1937 年，青藏高原，穿着正式的喇嘛（二）。

1937 年，青藏高原，五位喇嘛。

1932—1933 年，青藏高原，朝拜路上磕长头的藏族妇女（一）。

1932—1933 年，青藏高原，朝拜路上磕长头的藏族妇女（二）。

1932—1933 年，青藏高原，朝拜路上磕长头的藏族妇女（三）。

1932—1933 年，青藏高原，朝拜路上磕长头的藏族妇女（四）。

1932—1933 年，青藏高原，参加法会的信众（一）。

1932—1933 年，青藏高原，参加法会的信众（二）。

1932—1933 年，青藏高原，参加法会的信众（三）。

1936 年，青藏高原，参加法会的信众（一）。

1936 年，青藏高原，参加法会的信众（二）。

1937 年，青藏高原，转经祈福的藏族妇女（一）。

1937 年，青藏高原，转经祈福的藏族妇女（二）。

1937 年，青藏高原，转经祈福的藏族妇女（三）。

1937 年，青藏高原，佛塔与经幡。

1937 年，青藏高原，佛塔下的喇嘛和孩童。

THE COLLECTION AND RESEARCH OF HUMAN GEOGRAPHY IMAGES IN MODERN CHINA

近代中国分省人文地理影像采集与研究

西藏 PART 4

生活·百业

1913—1916 年，一个藏族家庭。

1913—1916 年，西藏贵族和他的护卫。

1913—1916 年，西藏俗官（一）。

1913—1916 年，西藏俗官（二）。

1913—1916 年，盛装的藏族妇女（一）。

1913—1916 年，盛装的藏族妇女（二）。

1913—1916 年，盛装的藏族男子（一）。

1913—1916 年，盛装的藏族男子（二）。

1913—1916 年，穿常服的藏族妇女。

1913—1916 年，穿常服的藏族男子。

1932—1933 年，青藏高原，一位藏族妇女（正面）。

1932—1933 年，青藏高原，一位藏族妇女（侧面）。

1932—1936 年，青藏高原，藏族青年（一）。

1932—1936 年，青藏高原，藏族青年（二）。

1936 年，青藏高原，一位藏族男子（正面）。

1936 年，青藏高原，一位藏族男子（侧面）。

1936 年，青藏高原，一位藏族男子（正面）。

1936 年，青藏高原，一位藏族男子（侧面）。

1936 年，青藏高原，穿戴华丽的藏族少女。

1936 年，青藏高原，腰间插着短刀的藏族男子。

1936 年，青藏高原，坐着抽旱烟的藏族男子。

1937 年，青藏高原，坐着休息的藏族妇女。

1937 年，青藏高原，藏族儿童（一）。

1937 年，青藏高原，藏族儿童（二）。

1937 年，青藏高原，藏族儿童（三）。

1937 年，青藏高原，藏族儿童（四）。

1932—1933 年，青藏高原上的集市（一）。

1932—1933 年，青藏高原上的集市（二）。

1932—1933 年，青藏高原，集市上卖馕饼的摊位。

1932—1933 年，青藏高原，集市上卖面食的摊位。

1932—1933 年，青藏高原，集市上卖羊毛制品的摊位。

1936 年，青藏高原，集市上的藏族妇女（一）。

1936 年，青藏高原，集市上的藏族妇女（二）。

1936 年，青藏高原，集市上的藏族妇女（三）。

1937 年，青藏高原，法会时的集市。

1937 年，青藏高原，集市上卖茶砖的摊位。

1937 年，青藏高原，挑选茶砖的藏族妇女。

1937 年，青藏高原，用羊胃制成的囊袋。

1937 年，青藏高原，背囊袋的藏族男子。

1937 年，青藏高原，集市上给人看病的藏医。

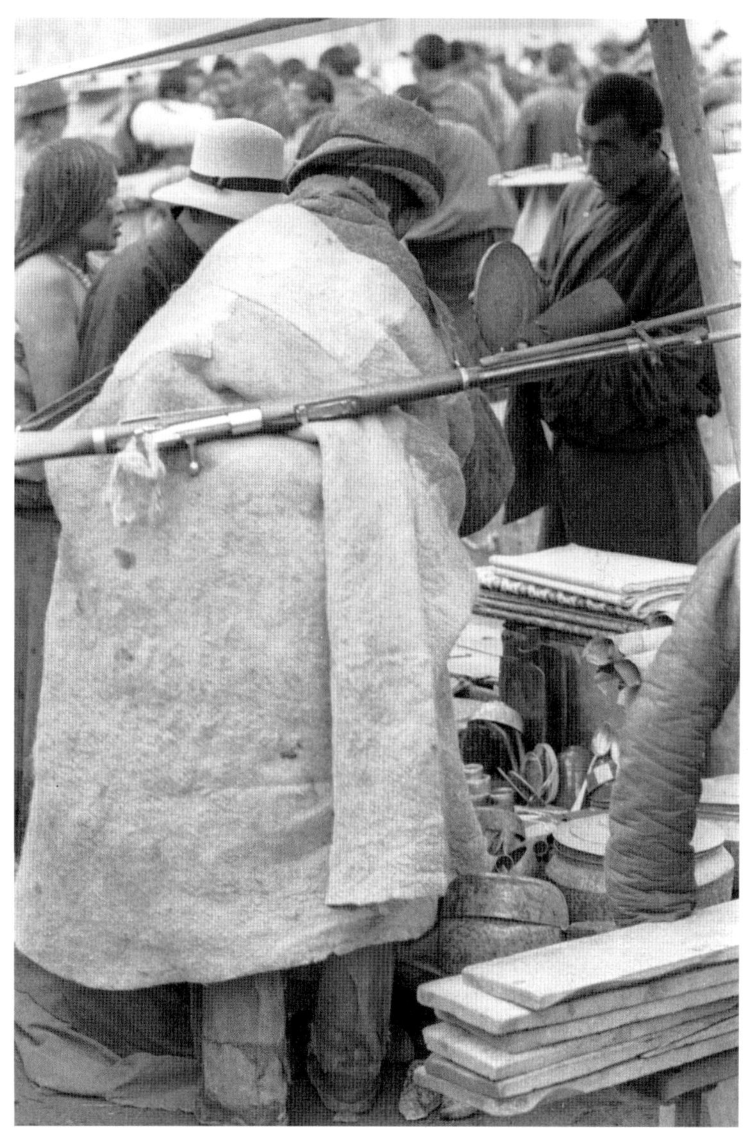

1937 年，青藏高原，集市上买卖商品的藏族群众（一）。

1937 年，青藏高原，集市上买卖商品的藏族群众（二）。

1937 年，青藏高原，集市上买卖商品的藏族群众（三）。

1937 年，青藏高原，集市上买卖商品的藏族群众（四）。

1937 年，青藏高原，集市上买卖商品的藏族群众（五）。

1937 年，青藏高原，集市上买卖商品的藏族群众（六）。

1937 年，青藏高原，集市上买卖商品的藏族群众（七）。

1937 年，青藏高原，集市上买卖商品的藏族群众（八）。

1937 年，青藏高原，集市上买卖商品的藏族（九）。

1932—1933 年，青藏高原，梳发辫（一）。

1932—1933 年，青藏高原，梳发辫（二）。

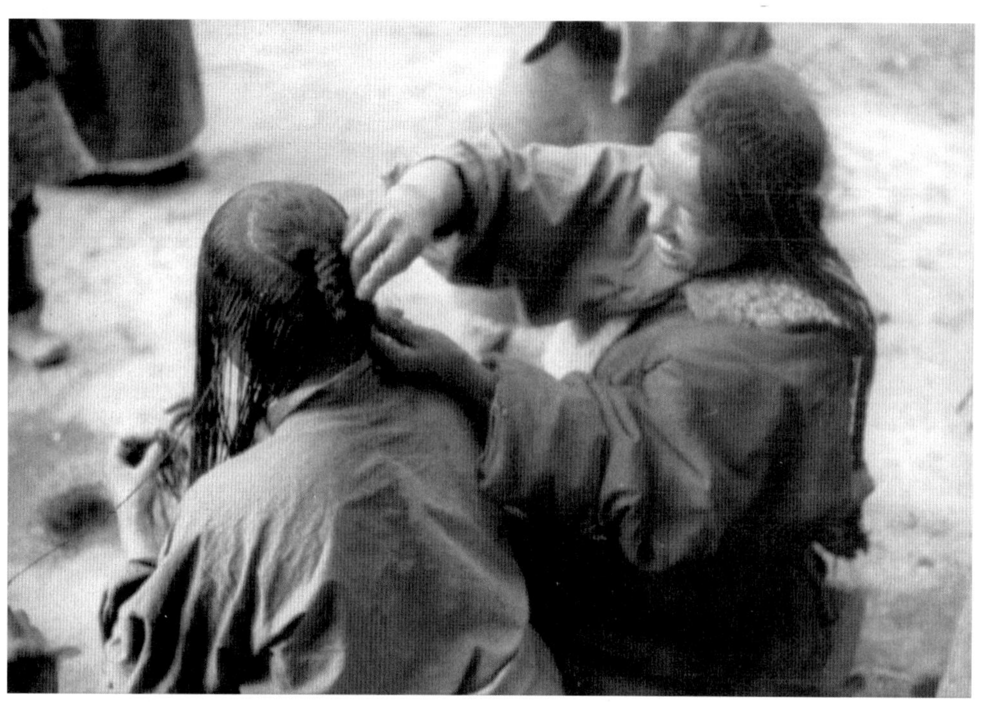

1932—1933 年，青藏高原，梳发辫（三）。

1937 年，青藏高原，梳发辫的藏族女孩。

1936 年，青藏高原，带着孩子在外劳作的藏族妇女。

1937 年，青藏高原，放牧牦牛的藏族妇女。

1937 年，青藏高原，背牛粪的藏族妇女。

1936 年，青藏高原，背水的藏族妇女（一）。

1936 年，青藏高原，背水的藏族妇女（二）。

1936 年，青藏高原，背水的藏族妇女（三）。

1936 年，青藏高原，背水的藏族妇女（四）。

1936 年，青藏高原，背水的藏族妇女（五）。

1936 年，青藏高原，运水的少年。

1937 年，青藏高原，去往拉萨的马队正在休息。

1937 年，青藏高原，马队中的少年（一）。

1937年，青藏高原，马队中的少年（二）。

1937 年，青藏高原，马队中的父子。

《近代中国分省人文地理影像采集与研究》

编委会名单

学术顾问： 蓝　勇

总　策　划： 越众文化传播·南兆旭

编委会主任： 胡彦威

编委会执行主任： 姚　军

编委会成员： 梁晋华　张慧兵　贾登红　吕绘元　冯　昭　贾　娟　刘小玲　秦继华

监　　制： 周　威

统筹执行： 何　滢

图片采集： 徐　胜　颜海琴　黄奕沛

设计总监： 李尚斌

美术设计： 焦泽亮　王秀玲　吴圳龙　庄生府　杨沣尧

影像支持： 越众历史影像馆·应宪